ICS 65.020.01
B01

DB41

河 南 省 地 方 标 准

DB41/T 958—2014

农业用水定额

2014-09-30 发布

2014-12-01 实施

河南省质量技术监督局   发 布

图书在版编目(CIP)数据

农业用水定额：河南省地方标准：DB41/T 958—
2014/河南省水利厅编．—郑州：黄河水利出版社，
2015.11
ISBN 978 - 7 - 5509 - 1288 - 5

Ⅰ.①农…　Ⅱ.①河…　Ⅲ.①农田水利 - 用水
量 - 定额 - 地方标准 - 河南省　Ⅳ.①TU991.31 - 65

中国版本图书馆 CIP 数据核字(2015)第 278433 号

组稿编辑：王路平　电话：0371 - 66022212　E-mail：hhslwlp@ 126. com

出　版　社：黄河水利出版社
　　　　　地址：河南省郑州市顺河路黄委会综合楼 14 层　　邮政编码：450003
发行单位：黄河水利出版社
　　　　　发行部电话：0371 - 66026940、66020550、66028024、66022620(传真)
　　　　　E-mail：hhslcbs@ 126. com
承印单位：河南承创印务有限公司
开本：890 mm×1 240 mm　1/16
印张：1
字数：30 千字　　　　　　　　　　　　印数：1—2 500
版次：2015 年 11 月第 1 版　　　　　　印次：2015 年 11 月第 1 次印刷
定价：25. 00 元

目 次

目 次

前　言

本标准按照 GB/T 1.1—2009 给出的规则起草。

本标准由河南省水利厅提出并归口。

本标准负责起草单位：河南省节约用水协会、河南省水利科学研究院。

本标准参加起草单位：郑州市水务局、开封市水利局、洛阳市水务局、平顶山市水利局、安阳市水利局、鹤壁市水利局、新乡市水利局、焦作市水利局、濮阳市水利局、许昌市水利局、漯河市水利局、三门峡市水利局、南阳市水利局、商丘市水利局、信阳市水利局、周口市水利局、驻马店市水利局、济源市水利局。

本标准主要起草人：潘国强、郭贵明、李中刚、焦建林、张玉顺、欧阳熙、路振广。

本标准参加起草人：唐玉萍、王宣河、任长江、杨宝中、韩建秀、郑艳丽、秦云建、秦海霞、王艳平、王泽生、陈卫理、李化愚、林大猛、杨亚涛、程群山、韩智力、边松涛、李虎星、朱路军、王志录、李国卿、郭利峰、陈乾、李建峰、李云、皇甫臻、薛天印、黄新伟、黄克勤、宋建明、岳运朝、荆瑞刚、闫国臣、冀红叶、张克钰、项先宝、卫福旺、张国强、李春娥、王春生、苏玉岭、杨海军、陈善强、李明、杨向明、韩磊、姚慧军、韩德全、侯俊山、武建华、李凤奇、田炳占、李国迎、张德武、张华军、娄国建。

农业用水定额

1 范　围

本标准规定了河南省农业用水定额的术语和定义、总则、灌溉用水定额使用说明、灌溉分区、农业灌溉用水基本定额调节系数、农业灌溉用水基本定额、蔬菜和水果用水定额、林业用水定额、畜牧业用水定额、渔业用水定额。

本标准适用于河南省境内农业、林业、畜牧业及渔业的取用水管理。

2　规范性引用文件

下列文件对于本文件的应用是必不可少的。凡是注日期的引用文件，仅注日期的版本适用于本文件。凡是不注日期的引用文件，其最新版本（包括所有的修改单）适用于本文件。

GB/T 4754　国民经济行业分类

GB/T 29404—2012　灌溉用水定额编制导则

GB/T 50363—2006　节水灌溉工程技术规范

3　术语和定义

下列术语和定义适用于本文件。

3.1　农业用水定额

在一定时间内按照相应核算单元确定的，符合合理用水、节约用水要求的各类农业用水的限额。包括农作物灌溉用水定额、农村居民生活用水定额、牲畜用水定额和渔业用水定额。

3.2　灌溉用水定额

在规定的位置和规定的保证率下核定的某种作物在一个生育期内单位面积的灌溉用水量。

注1：灌溉用水定额的规定位置是便于灌溉用水计量和实施管理位置。本文件的规定位置为斗口（或井口），规定的保证率为75%和50%。

注2：灌溉用水定额由净灌溉定额、斗渠（或井口）及以下渠系输水损失和田间损失组成。各种作物的灌溉用水定额由相应的灌溉用水基本定额与工程类型、取水方式、灌区规模的调节系数相乘求得。

3.3　灌溉用水基本定额

某种作物在参照灌溉条件下单位面积灌溉用水量。参照灌溉条件为：工程类型为土渠输水、取水方式为自流引水、灌区规模为小型、无附加用水定额。

3.4　附加用水定额

为满足作物生育期需水量之外的灌溉用水（附加水）而增加的单位面积用水量。附加用水包括播前土壤储水、水田泡田用水等。

3.5　调节系数

反映工程类型、取水方式、灌区规模等对参照条件下灌溉用水定额影响程度的系数。

注1：工程类型分为土渠输水、渠道防渗、管道输水、喷灌和微灌五类。

注2：取水方式分为机井提水、自流引水以及机井提水和自流引水三类。其中机井提水包括泵站扬水。

注3：灌区规模分为大型、中型和小型三类。

3.6　大型灌区

设计灌溉面积为 20 000 hm² 及以上的灌区。

3.7　中型灌区

设计灌溉面积为 667 ~ 20 000 hm² 的灌区。

3.8　小型灌区

设计灌溉面积在 667 hm² 及以下的灌区。

3.9　农村居民生活用水定额

在一定时间内，农村居民人均生活用水量的限额，包括饮用、烹调、洗涤、卫生等用水。

3.10　牲畜用水定额

一定时间内，农村饲养牲畜的用水量的限额，包括牲畜饮用和卫生清洁用水。

3.11　渔业用水定额

渔业生产全过程的合理补水量，由蒸发量、保持水体清洁与外界交换的水量、斗口或井口以下渠系输水损失和鱼塘渗漏损失组成。

3.12　露地

露天的耕作地。

3.13　保证率

指灌溉保证率：50% 是指一般年份保证的灌水量，75% 是指中等偏旱年份保证的灌水量。

4　总　则

4.1　农业行业和灌溉作物的分类按照 GB/T 4754 的规定。

4.2　分区主要作物农业灌溉用水基本定额及其调节系数的提出按照 GB/T 29404—2012 的要求。

4.3　灌溉用水基本定额及其调节系数主要用于灌区的取用水管理。

4.4　喷灌、微灌等方法按照 GB/T 50363—2006 的规定。

5　灌溉用水定额使用说明

5.1　从表1中查某种作物所在区域所属的灌溉分区。

5.2　从表2~表4中查该作物所属灌溉分区的不同保证率下的基本定额。

5.3　从表5中查出该作物所属灌溉分区的工程类型、取水方式和灌区规模的调节系数。

5.4　把工程类型、取水方式和灌区规模的调节系数与基本定额相乘即得到该作物不同保证率下所要求的灌溉用水定额。

6 灌溉分区

河南省灌溉分区见表1。

表1 河南省灌溉分区表

一级区	二级区	行政区	县（市、区）	县（市、区）数	
I．豫北平原区		安阳	安阳市区、内黄、汤阴、滑县	4	21
		濮阳	濮阳市区、清丰、南乐、范县、台前、濮阳县	6	
		新乡	新乡市区、新乡县、获嘉、长垣、延津、封丘、原阳	7	
		焦作	武陟、温县、孟州	3	
		鹤壁	浚县	1	
II．豫中、豫东平原区	II1．豫东平原区	开封	开封市区、杞县、通许、尉氏、开封县、兰考	6	24
		商丘	商丘市区、虞城、柘城、民权、宁陵、睢县、夏邑、永城	8	
		周口	周口市区、扶沟、西华、商水、太康、鹿邑、郸城、淮阳、沈丘、项城	10	
	II2．淮北平原区	驻马店	驻马店市区、确山、泌阳、遂平、西平、上蔡、汝南、平舆、新蔡、正阳	10	10
	II3．山前平原区	郑州	郑州市区、新郑、中牟	3	15
		平顶山	平顶山市区、叶县、舞钢	3	
		漯河	漯河市区、舞阳、临颍	3	
		许昌	许昌市区、许昌县、鄢陵、襄城、禹州、长葛	6	
III．豫北山丘区		安阳	林州、安阳县	2	11
		新乡	辉县、卫辉	2	
		焦作	焦作市区、修武、博爱、沁阳	4	
		鹤壁	鹤壁市区、淇县	2	
		济源	济源	1	
IV．豫西山丘区		洛阳	洛阳市区、孟津、新安、栾川、嵩县、汝阳、宜阳、洛宁、伊川、偃师	10	25
		三门峡	三门峡市区、渑池、陕县、卢氏、义马、灵宝	6	
		郑州	巩义、荥阳、登封、新密、上街区	5	
		平顶山	鲁山、郏县、汝州、宝丰	4	
V．江淮区	V1．南阳盆地区	南阳	南阳市区、南召、方城、西峡、镇平、内乡、淅川、社旗、唐河、新野、桐柏、邓州	12	12
	V2．淮南区	信阳	信阳市区、息县、淮滨、潢川、光山、固始、商城、罗山、新县	9	9

7 农业灌溉用水基本定额

农业灌溉用水基本定额见表2～表4。

表2 谷物及其他作物灌溉用水基本定额

行业代码	行业名称	类别名称	灌溉分区	基本定额 (m³/hm²)	基本定额 (m³/667 m²)	保证率 (%)	备注
A011	谷物及其他作物的种植	小麦	I	2 400	160	75	冬灌、孕穗、抽穗
			II 1	2 550	170	75	冬灌、孕穗、抽穗
			II 2	1 950	130	75	冬灌、孕穗、抽穗
			II 3	2 025	135	75	冬灌、孕穗、抽穗
			III	2 700	180	75	冬灌、孕穗、抽穗
			IV	2 850	190	75	冬灌、孕穗、抽穗、灌浆
			V 1	2 100	140	75	冬灌、孕穗、抽穗
			V 2	0	0	75	—
		玉米	I	1 350	90	75	拔节、抽雄
			II 1	1 425	95	75	拔节、抽雄
			II 2	1 350	90	75	拔节、抽雄
			II 3	1 425	95	75	拔节、抽雄
			III	1 725	115	75	拔节、抽雄
			IV	2 025	135	75	拔节、抽雄、灌浆
			V 1	1 200	80	75	拔节、抽雄
			V 2	0	0	75	—
		水稻	I	9 600	640	75	含泡田水 1 800 m³/hm² (120 m³/667 m²)
			II 1	9 600	640	75	含泡田水 1 800 m³/hm² (120 m³/667 m²)
			II 2	7 800	520	75	含泡田水 1 800 m³/hm² (120 m³/667 m²)
			II 3	9 000	600	75	含泡田水 1 800 m³/hm² (120 m³/667 m²)
			V 1	9 375	625	75	含泡田水 1 500 m³/hm² (100 m³/667 m²)
			V 2	6 900	460	75	含泡田水 1 500 m³/hm² (100 m³/667 m²)
A011	谷物及其他作物的种植	小麦	I	1 800	120	50	孕穗、抽穗
			II 1	2 100	140	50	冬灌、孕穗、抽穗
			II 2	2 100	140	50	冬灌、孕穗、抽穗
			II 3	2 100	140	50	冬灌、孕穗、抽穗
			III	1 875	125	50	冬灌、孕穗、抽穗
			IV	2 250	150	50	冬灌、孕穗、抽穗、灌浆
			V 1	2 025	135	50	冬灌、孕穗、抽穗
			V 2	0	0	50	—

续表2

行业代码	行业名称	类别名称	灌溉分区	基本定额 (m³/hm²)	基本定额 (m³/667 m²)	保证率 (%)	备注
A011	谷物及其他作物的种植	玉米	Ⅰ	675	45	50	拔节
			Ⅱ1	1 275	85	50	拔节、抽雄
			Ⅱ2	675	45	50	拔节
			Ⅱ3	1 275	85	50	拔节、抽雄
			Ⅲ	1 500	100	50	拔节、抽雄、灌浆
			Ⅳ	1 725	115	50	拔节、抽雄、灌浆
			Ⅴ1	600	40	50	拔节
			Ⅴ2	0	0	50	—
		水稻	Ⅰ	7 350	490	50	含泡田水 1 800 m³/hm² (120 m³/667m²)
			Ⅱ1	7 350	490	50	含泡田水 1 800 m³/hm² (120 m³/667 m²)
			Ⅱ2	5 925	395	50	含泡田水 1 800 m³/hm² (120 m³/667 m²)
			Ⅱ3	6 900	460	50	含泡田水 1 800 m³/hm² (120 m³/667 m²)
			Ⅴ1	7 200	480	50	含泡田水 1 500 m³/hm² (100 m³/667 m²)
			Ⅴ2	5 250	350	50	含泡田水 1 500 m³/hm² (100 m³/667 m²)

表3 豆类、油料和薯类作物灌溉用水基本定额

行业代码	行业名称	类别名称	灌溉分区	基本定额 (m³/hm²)	基本定额 (m³/667 m²)	保证率 (%)
A012	豆类、油料和薯类的种植	花生	Ⅰ	1 650	110	75
			Ⅱ1	1 800	120	75
			Ⅱ2	1 800	120	75
			Ⅱ3	1 275	85	75
			Ⅴ1	1 500	100	75
		大豆	Ⅰ	1 800	120	75
			Ⅱ1	1 875	125	75
A012	豆类、油料和薯类的种植	花生	Ⅰ	1 050	70	50
			Ⅱ1	1 200	80	50
			Ⅱ2	1 200	80	50
			Ⅱ3	675	45	50
			Ⅴ1	900	60	50
		大豆	Ⅰ	1 200	80	50
			Ⅱ1	1 275	85	50

表4 棉、麻、糖、烟草作物灌溉用水基本定额

行业代码	行业名称	类别名称	灌溉分区	基本定额 （m³/hm²）	基本定额 （m³/667 m²）	保证率 （%）
A013	棉、麻、糖、烟草种植	棉花	Ⅰ	1 575	105	75
			Ⅱ1	1 650	110	75
			Ⅱ3	1 500	100	75
			Ⅴ1	2 250	150	75
		烟叶	Ⅱ3	1 350	90	75
			Ⅳ	1 650	110	75
			Ⅴ1	900	60	75
A013	棉、麻、糖、烟草种植	棉花	Ⅰ	825	55	50
			Ⅱ1	900	60	50
			Ⅱ3	750	50	50
			Ⅴ1	1 500	100	50
		烟叶	Ⅱ3	600	40	50
			Ⅳ	900	60	50
			Ⅴ1	0	0	50

8 农业灌溉用水基本定额调节系数

农业灌溉用水基本定额调节系数见表5。

表5 农业灌溉用水基本定额调节系数表

分区	工程类型					取水方式			灌区规模		
	渠道防渗	管道输水	喷灌	微灌	土渠输水	机井提水	机井提水和 自流引水	自流引水	大型	中型	小型
Ⅰ	0.88	0.85	0.63	0.50	1.00	0.85	0.87	1.00	1.06	1.03	1.00
Ⅱ1	0.87	0.84	0.62	0.50	1.00	0.84	0.86	1.00	1.07	1.03	1.00
Ⅱ2	0.87	0.83	0.62	0.54	1.00	0.83	0.85	1.00	1.08	1.03	1.00
Ⅱ3	0.85	0.82	0.59	0.50	1.00	0.83	0.85	1.00	1.05	1.02	1.00
Ⅲ	0.87	0.84	0.61	0.51	1.00	0.83	0.85	1.00	1.07	1.03	1.00
Ⅳ	0.85	0.82	0.58	0.52	1.00	0.83	0.85	1.00	1.04	1.02	1.00
Ⅴ1	0.92	0.85	0.65	0.53	1.00	0.87	0.90	1.00	1.04	1.02	1.00
Ⅴ2	0.89	0.84	0.62	0.51	1.00	0.84	0.86	1.00	1.05	1.03	1.00
全省	0.88	0.84	0.62	0.51	1.00	0.84	0.86	1.00	1.06	1.03	1.00

9 农村居民生活用水定额

农村居民生活用水定额见表6。

表6 农村居民生活用水定额

行业名称	产品名称	定额单位	用水定额	调节系数	备注
农村居民生活	有给排水	L/（人·d）	55	0.9~1.1	集中供水
	有给水	L/（人·d）	46	0.9~1.1	分散供水

10 蔬菜、花卉和水果用水定额

蔬菜、花卉和水果用水定额见表7、表8。

表7 蔬菜、花卉用水定额

行业代码	行业名称	类别名称	灌溉分区	地面灌溉（m³/hm²）	地面灌溉（m³/667 m²）	保证率（%）	备注
A014	蔬菜、食用菌及园艺作物	大棚蔬菜	全省综合	7 200	480	—	—
		温室	全省综合	9 000	600	—	—
		黄瓜	全省综合	3 000	200	75	露地
		芹菜	全省综合	3 450	230	75	露地
		油菜	全省综合	1 500	100	75	露地
		西红柿	全省综合	3 000	200	75	露地
		茄子	全省综合	3 450	230	75	露地
		青椒	全省综合	2 400	160	75	露地
		白菜	全省综合	2 400	160	75	露地
		萝卜	全省综合	1 500	100	75	露地
		大葱	全省综合	3 000	200	75	露地
		菠菜	全省综合	3 000	200	75	露地
		大蒜	全省综合	3 000	200	75	露地
		冬瓜	全省综合	1 800	120	75	露地
		花卉	全省综合	3 000	200	75	露地

续表7

行业代码	行业名称	类别名称	灌溉分区	微喷灌溉（m³/hm²）	微喷灌溉（m³/667 m²）	保证率（%）	备注
A014	蔬菜、食用菌及园艺作物	大棚蔬菜	全省综合	3 600	240	—	—
		温室	全省综合	4 500	300	—	—
		黄瓜	全省综合	1 950	130	75	露地
		芹菜	全省综合	2 100	140	75	露地
		油菜	全省综合	900	60	75	露地
		西红柿	全省综合	1 800	120	75	露地
		茄子	全省综合	2 100	140	75	露地
		青椒	全省综合	1 500	100	75	露地
		白菜	全省综合	1 500	100	75	露地
		萝卜	全省综合	900	60	75	露地
		大葱	全省综合	1 800	120	75	露地
		菠菜	全省综合	1 800	120	75	露地
		大蒜	全省综合	1 800	120	75	露地
		冬瓜	全省综合	1 050	70	75	露地
		花卉	全省综合	2 205	147	75	露地

表8　水果用水定额

行业代码	行业名称	类别名称	灌溉分区	基本定额（m³/hm²）	基本定额（m³/667 m²）	保证率（%）
A015	水果、坚果、饮料和香料作物的种植	苹果	Ⅳ	2 100	140	75
			Ⅳ	1 650	110	50
		油桃	Ⅱ3	2 400	160	75
			Ⅱ3	1 500	100	50
		猕猴桃	Ⅱ3	3 750	250	75
			Ⅱ3	2 550	170	50
		桃	Ⅱ3	2 700	180	75
			Ⅱ3	1 800	120	50
		西瓜	Ⅱ3	1 425	95	75
			Ⅱ3	1 020	68	50

注：其他分区相同水果用水定额可参照本表确定。

11 林业用水定额

林业用水定额见表9。

表9 林业用水定额

行业代码	行业名称	类别名称	定额单位	灌溉分区	灌溉类型		备注
					喷微灌	地面灌溉	
A0212	林木育苗种植	苗圃	m^3/hm^2	全省综合	4 500	—	幼苗
					2 700	—	成苗
A022	造林和更新植	植树 造林	L/（棵·次）	全省综合	—	100	—

12 畜牧业用水定额

畜牧业用水定额见表10。

表10 畜牧业用水定额

行业代码	行业名称	类别名称	定额单位	用水定额	调节系数	备注
A031	牲畜的饲养	牛	L/（头·d）	50	0.9~1.2	—
		马	L/（匹·d）	40	0.9~1.1	含驴、骡
		羊	L/（只·d）	10	0.9~1.1	—
		养牛场	L/（头·d）	100	0.9~1.1	—
		猪	L/（头·d）	20	0.9~1.2	—
		养猪场	L/（头·d）	30	0.9~1.1	—
A033	家禽饲养	鹅	L/（只·d）	6	1.0~1.1	—
		鸭	L/（只·d）	4	1.0~1.1	—
		鸡	L/（只·d）	1.5	1.0~1.1	—
A039	其他畜牧业	兔	L/（只·d）	1	0.9~1.2	—

注：动物园或家养野生动物用水定额可参照本表确定。

13 渔业用水定额

渔业用水定额见表11。

表11 渔业用水定额

行业代码	行业名称	类别名称	分区	用水定额 （m³/hm²）	用水定额 （m³/667 m²）	调节系数
A0412	内陆养殖	全省综合	Ⅰ、Ⅱ1	7 650	510	0.9～1.1
			Ⅱ2	8 205	547	0.9～1.1
A0412	内陆养殖	全省综合	Ⅲ、Ⅱ3	7 770	518	0.9～1.1
			Ⅳ	7 905	527	0.9～1.1
			Ⅴ1、Ⅴ2	8 805	587	0.9～1.2